Moyennes

© 2021, R.S.

MOYENNES

Table des matières

MOYENNES

MOYENNES

A Na, Amélie et Victor,

MOYENNES

"Un statisticien est une personne qui peut avoir la tête dans un four et les pieds pris dans la glace et dire qu'en moyenne il se sent bien.", Benjamin Dereca.

"La classe dite moyenne tient dans l'Etat la place que tient le ventre dans le corps humain : le milieu. Il y a des hommes qui sont le cerveau du progrès. Il y en a d'autres qui en sont les pieds.", Victor Hugo, "Choses vues".

1. Types de moyennes

Une moyenne de nombres, également appelée espérance, est une fonction qui renvoie un nombre. Ce nombre représente un point milieu de tous ces nombres. Or, un milieu se définit de plusieurs manières. A la même distance de tous les autres nombres ? Un barycentre ? Avec un écart-type identique ? Diverses façons d'imaginer un point milieu. Il existe plusieurs types de moyennes usuelles :

Arithmétique : la plus naturelle puisque linéaire. C'est la moyenne additionnelle.

$$E_A = \frac{1}{n} \sum_{k=1}^{n} x_k \tag{1}$$

Géométrique : la seconde moyenne la plus utilisée. C'est la moyenne multiplicative.

$$E_G = \left(\prod_{k=1}^{n} x_k \right)^{\frac{1}{n}} \quad avec \quad \begin{cases} E_A(x) = \ln\big(E_G(e^x)\big) \\ E_G(x) = e^{E_A(\ln(x))} \end{cases} \tag{2}$$

Quadratique : utilisée pour minimiser l'écart-type. C'est-à-dire l'écart entre tous les nombres et cette moyenne.

$$E_Q = \sqrt{\frac{1}{n} \sum_{k=1}^{n} x_k^2} \tag{3}$$

Harmonique : la plus originale et pourtant si utile.

$$E_H = \frac{n}{\sum_{k=1}^{n} \frac{1}{x_k}} \tag{4}$$

On a vu ici les principales moyennes utilisées la plupart du temps. Regardons maintenant des moyennes plus originales mais tout aussi utile et significatives. Commençons par une généralisation des moyennes précédentes.

2. Moyennes généralisées

Les moyennes du chapitre précédent peuvent se généraliser. Voici comment.

Harmonique étendue : peu utilisée car inclue dans la moyenne suivante.

$$E_{He}(q) = \left(\frac{n}{\sum_{k=1}^{n} \frac{1}{x_k^q}} \right)^{\frac{1}{q}} \quad avec \; E_{He}(1) = E_H \tag{5}$$

Généralisée d'ordre q : qui jongle entre plusieurs moyennes avec un seul paramètre.

$$E_{Ge}(q) = \left(\frac{1}{n} \sum_{k=1}^{n} x_k^q \right)^{\frac{1}{q}} \quad avec \; \begin{cases} E_{Ge}(1) = E_A \\ E_{Ge}(2) = E_Q \\ E_{Ge}(-1) = E_H \\ E_{Ge}(-q) = E_{He}(q) \end{cases} \tag{6}$$

Et comme :

$$E_G = \left(\prod_{k=1}^{n} x_k \right)^{\frac{1}{n}} = E_G(q) = \left(\prod_{k=1}^{n} x_k^q \right)^{\frac{1}{nq}}$$

On a :

$$E_{Ge}(q) = e^{\frac{1}{q} \ln\left(\ln\left(\left(\Pi_{k=1}^{n} e^{x_k^q} \right)^{\frac{1}{n}} \right) \right)} = e^{\frac{1}{q} \ln(q \ln(E_G(e^x)))} = \ln^{\frac{1}{q}}\left(E_G^q(e^x) \right)$$

Soit :

$$\begin{cases} E_{Ge}(x,q) = \ln^{\frac{1}{q}}\left(E_G^q(e^x) \right) \\ E_G(x) = e^{\frac{E_{Ge}^q(\ln(x),q)}{q}} \end{cases} \tag{6bis}$$

On a donc ici montré que les moyennes étaient pour la plupart liées entre elles. Rien d'étonnant puisqu'au final on calcul un point unique à partir d'un flux de données et ce point unique est toujours contenu dans l'intervalle des données. D'ailleurs, ces moyennes, étant liées, se visualise graphiquement. Voyons comment.

3. Représentation dans un cercle

Les moyennes usuelles se représentent dans un cercle pour $n = 2$. Cela n'est ni étrange ni contre intuitif. Quelques calculs de triangles rectangles à l'aide du théorème de Pythagore permettent d'obtenir cette visualisation :

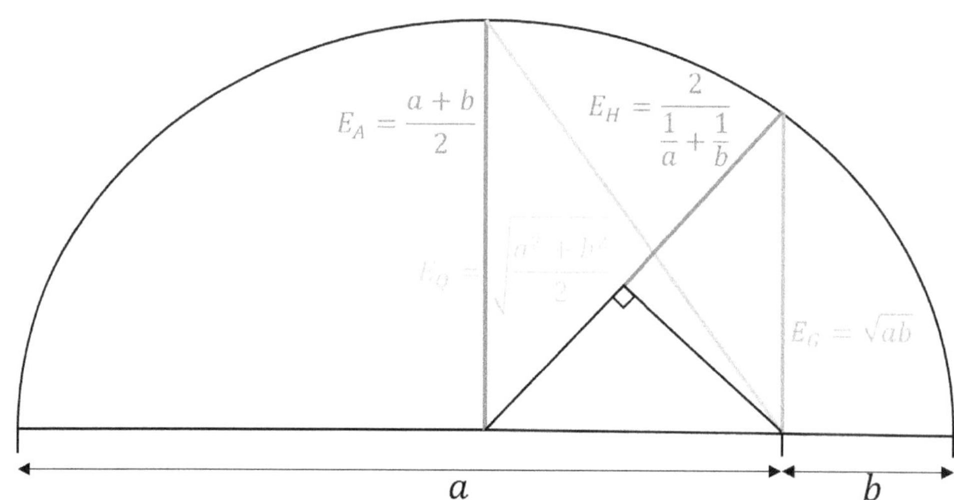

Pour $n = 2$, les moyennes, des valeurs a et b, s'obtiennent en mesurant les longueurs suivantes :
- E_A pour la moyenne arithmétique,
- E_Q pour la moyenne quadratique,
- E_G pour la moyenne géométrique,
- E_H pour la moyenne harmonique.

Prouvons-le :

$$E_A = \frac{a + b}{2} \; car \; le \; rayon \; vaut \; la \; moitié \; du \; diamètre \tag{a}$$

$$E_Q^2 = E_A^2 + (E_A - b)^2$$

$$\rightarrow E_Q = \sqrt{\left(\frac{a + b}{2}\right)^2 + \left(\frac{a - b}{2}\right)^2} = \sqrt{\frac{a^2 + b^2}{2}} \tag{b}$$

$$(E_H + x)^2 = E_A^2 = E_G^2 + (E_A - b)^2$$

$$\rightarrow E_G = \sqrt{E_A^2 - (E_A - b)^2} = \sqrt{(2E_A - b)b} = \sqrt{ab} \qquad (c)$$

$$\begin{cases} E_A = E_H + x \\ E_G^2 = E_H^2 + y^2 \\ (E_A - b)^2 = x^2 + y^2 \end{cases} \rightarrow y^2 = E_G^2 - E_H^2 = (E_A - b)^2 - (E_A - E_H)^2$$

$$\rightarrow E_H = \frac{E_G^2 - b^2}{2E_A} + b = \frac{ab - b^2}{a + b} + b = \frac{2ab}{a + b} = \frac{2}{\frac{1}{a} + \frac{1}{b}} \qquad (d)$$

On a donc ici non seulement permis de visualiser simplement les moyennes usuelles mais aussi ouvert la possibilité de les calculer à posteriori à partir du graphique.

4. Inégalités élémentaires des moyennes

On déduit du graphique précédent les inégalités élémentaires suivantes :

$$n = 2 \rightarrow \max(a;b) \geq \sqrt{\frac{a^2 + b^2}{2}} \geq \frac{a + b}{2} \geq \sqrt{ab} \geq \frac{2}{\frac{1}{a} + \frac{1}{b}} \geq \min(a;b) \qquad (7)$$

Il existe donc des moyennes toujours plus grandes ou petites qu'une autre, et ce, quelles qu'en soient les données initiales. De plus, ces inégalités de moyennes à deux valeurs s'étendent majestueusement comme suit :

$$\forall n > 1 \rightarrow \max(x_k) \geq E_Q \geq E_A \geq E_G \geq E_H \geq \min(x_k) \qquad (8)$$

On a déjà ici un premier indice pour classifier les moyennes en fonction de leurs ordres de grandeur respectivement et comparativement. Allons maintenant encore un peu plus loin avec d'autres moyennes assez surprenantes.

5. Autres moyennes

Il existe aussi d'autres moyennes moins connues mais tout aussi utiles. En voici deux.

a. Moyenne de Heinz

Cette moyenne est définie pour deux valeurs par :

$$q \in \left[0; \frac{1}{2}\right] \to H(q) = \frac{x_1^q x_2^{1-q} + x_1^{1-q} x_2^q}{2} = \begin{cases} \dfrac{x_1 + x_2}{2} = E_A \; si \; q = 0 \\[2mm] \dfrac{x_1^{\frac{1}{4}} x_2^{\frac{3}{4}} + x_1^{\frac{3}{4}} x_2^{\frac{1}{4}}}{2} \; si \; q = \frac{1}{4} \\[2mm] \sqrt{x_1 x_2} = E_G \; si \; q = \frac{1}{2} \end{cases} \tag{9}$$

Elle correspond à une moyenne entre la moyenne arithmétique et géométrique. Et pour n valeurs, on obtient :

Moyenne de Heinz généralisée :

$$H(q_i) = \frac{1}{n} \sum_{j=1}^{n} \left(x_j^{q_0} \left(\prod_{k=2}^{n-1} x_{k+j-1}^{q_0+q_k} \right) x_{j+n}^{1-\sum_{i=1}^{n-2} q_i - (n-1)q_0} \right) \tag{9bis}$$

$$Avec \begin{cases} 0 \le i \le n-2 \\ x_j = x_{j+n} \; où \; j \in [1; n] \end{cases} et \; q_i \in \left[0; \frac{1}{n}\right]$$

Cela donne par exemple pour :

$$n = 3 \to$$

$$H(q_0; q_1) = \frac{x_1^{q_0} x_2^{q_0+q_1} x_3^{1-q_1-2q_0} + x_2^{q_0} x_3^{q_0+q_1} x_1^{1-q_1-2q_0} + x_3^{q_0} x_1^{q_0+q_1} x_2^{1-q_1-2q_0}}{3}$$

$$= \begin{cases} \dfrac{x_1+x_2+x_3}{3} = E_A \ si \ (q_0;q_1)=(0;0) \\[2ex] \dfrac{x_1^{\frac{1}{6}}x_2^{\frac{1}{6}}x_3^{\frac{2}{3}} + x_2^{\frac{1}{6}}x_3^{\frac{1}{6}}x_1^{\frac{2}{3}} + x_3^{\frac{1}{6}}x_1^{\frac{1}{6}}x_2^{\frac{2}{3}}}{3} \ si \ (q_0;q_1)=\left(\dfrac{1}{6};0\right) \\[2ex] \dfrac{x_1^{\frac{1}{6}}x_2^{\frac{1}{3}}x_3^{\frac{1}{2}} + x_2^{\frac{1}{6}}x_3^{\frac{1}{3}}x_1^{\frac{1}{2}} + x_3^{\frac{1}{6}}x_1^{\frac{1}{3}}x_2^{\frac{1}{2}}}{3} \ si \ (q_0;q_1)=\left(\dfrac{1}{6};\dfrac{1}{6}\right) \\[2ex] (x_1x_2x_3)^{\frac{1}{3}} = E_G \ si \ (q_0;q_1)=\left(\dfrac{1}{3};0\right) \\[2ex] \dfrac{x_1^{\frac{1}{3}}x_2^{\frac{2}{3}} + x_2^{\frac{1}{3}}x_3^{\frac{2}{3}} + x_3^{\frac{1}{3}}x_1^{\frac{2}{3}}}{3} \ si \ (q_0;q_1)=\left(\dfrac{1}{3};\dfrac{1}{3}\right) \end{cases}$$

Et pour :

$$n = 4 \to$$

$$H(q_0;q_1;q_2) = \frac{\begin{array}{c} x_1^{q_0}x_2^{q_0+q_1}x_3^{q_0+q_2}x_4^{1-q_1-q_2-3q_0} + x_2^{q_0}x_3^{q_0+q_1}x_4^{q_0+q_2}x_1^{1-q_1-q_2-3q_0} \\ +x_3^{q_0}x_4^{q_0+q_1}x_1^{q_0+q_2}x_2^{1-q_1-q_2-3q_0} + x_4^{q_0}x_1^{q_0+q_1}x_2^{q_0+q_2}x_3^{1-q_1-q_2-3q_0} \end{array}}{4}$$

$$= \begin{cases} \dfrac{x_1+x_2+x_3+x_4}{4} = E_A \ si \ (q_0;q_1;q_2)=(0;0;0) \\[2ex] \dfrac{x_1^{\frac{1}{8}}x_2^{\frac{1}{8}}x_3^{\frac{1}{8}}x_4^{\frac{5}{8}} + x_2^{\frac{1}{8}}x_3^{\frac{1}{8}}x_4^{\frac{1}{8}}x_1^{\frac{5}{8}} + x_3^{\frac{1}{8}}x_4^{\frac{1}{8}}x_1^{\frac{1}{8}}x_2^{\frac{5}{8}} + x_4^{\frac{1}{8}}x_1^{\frac{1}{8}}x_2^{\frac{1}{8}}x_3^{\frac{5}{8}}}{4} \ si \ (q_0;q_1;q_2)=\left(\dfrac{1}{8};0;0\right) \\[2ex] \dfrac{x_1^{\frac{1}{8}}x_2^{\frac{1}{4}}x_3^{\frac{1}{4}}x_4^{\frac{3}{8}} + x_2^{\frac{1}{8}}x_3^{\frac{1}{4}}x_4^{\frac{1}{4}}x_1^{\frac{3}{8}} + x_3^{\frac{1}{8}}x_4^{\frac{1}{4}}x_1^{\frac{1}{4}}x_2^{\frac{3}{8}} + x_4^{\frac{1}{8}}x_1^{\frac{1}{4}}x_2^{\frac{1}{4}}x_3^{\frac{3}{8}}}{4} \ si \ (q_0;q_1;q_2)=\left(\dfrac{1}{8};\dfrac{1}{8};\dfrac{1}{8}\right) \\[2ex] (x_1x_2x_3x_4)^{\frac{1}{4}} = E_G \ si \ (q_0;q_1;q_2)=\left(\dfrac{1}{4};0;0\right) \\[2ex] \dfrac{x_1^{\frac{1}{4}}x_2^{\frac{1}{2}}x_3^{\frac{1}{2}}x_4^{-\frac{1}{4}} + x_2^{\frac{1}{4}}x_3^{\frac{1}{2}}x_4^{\frac{1}{2}}x_1^{-\frac{1}{4}} + x_3^{\frac{1}{4}}x_4^{\frac{1}{2}}x_1^{\frac{1}{2}}x_2^{-\frac{1}{4}} + x_4^{\frac{1}{4}}x_1^{\frac{1}{2}}x_2^{\frac{1}{2}}x_3^{-\frac{1}{4}}}{4} \ si \ (q_0;q_1;q_2)=\left(\dfrac{1}{4};\dfrac{1}{4};\dfrac{1}{4}\right) \end{cases}$$

On peut simplifier cette équation pour en garder une version limitée mais toujours fonctionnelle. On choisit de ne garder que le premier paramètre et mettre tous les autres à zéro. On obtient ainsi :

Moyenne de Heinz généralisée simplifiée :

$$q \in \left[0;\frac{1}{n}\right] \to H_1(q) = (H(q_i))_{\substack{q_0=q=1 \ et \\ q_i=0 \ si \ i>0}} = \frac{1}{n}\sum_{j=1}^{n}\left(\left(\prod_{k=1}^{n-1} x_{j+k-1}^{q}\right)x_{j+n-1}^{1-(n-1)q}\right) \qquad (9ter)$$

Avec la même fonction de permutation cyclique.

Cela donne par exemple pour :

$$n = 2 \rightarrow H_1(q) = \frac{x_1^q x_2^{1-q} + x_2^q x_1^{1-q}}{2} = H(q)$$

$$n = 3 \rightarrow H_1(q) = \frac{x_1^q x_2^q x_3^{1-2q} + x_2^q x_3^q x_1^{1-2q} + x_3^q x_1^q x_2^{1-2q}}{3}$$

$$= \begin{cases} \dfrac{x_1 + x_2 + x_3}{3} = E_A \; si \; q = 0 \\[2mm] \dfrac{x_1^{\frac{1}{6}} x_2^{\frac{1}{6}} x_3^{\frac{2}{3}} + x_2^{\frac{1}{6}} x_3^{\frac{1}{6}} x_1^{\frac{2}{3}} + x_3^{\frac{1}{6}} x_1^{\frac{1}{6}} x_2^{\frac{2}{3}}}{3} \; si \; q = \dfrac{1}{6} \\[2mm] (x_1 x_2 x_3)^{\frac{1}{3}} = E_G \; si \; q = \dfrac{1}{3} \end{cases}$$

Et pour :

$$n = 4 \rightarrow H_1(q) = \frac{x_1^q x_2^q x_3^q x_4^{1-3q} + x_2^q x_3^q x_4^q x_1^{1-3q} + x_3^q x_4^q x_1^q x_2^{1-3q} + x_4^q x_1^q x_2^q x_3^{1-3q}}{4}$$

$$= \begin{cases} \dfrac{x_1 + x_2 + x_3 + x_4}{4} = E_A \; si \; q = 0 \\[2mm] \dfrac{x_1^{\frac{1}{8}} x_2^{\frac{1}{8}} x_3^{\frac{1}{8}} x_4^{\frac{5}{8}} + x_2^{\frac{1}{8}} x_3^{\frac{1}{8}} x_4^{\frac{1}{8}} x_1^{\frac{5}{8}} + x_3^{\frac{1}{8}} x_4^{\frac{1}{8}} x_1^{\frac{1}{8}} x_2^{\frac{5}{8}} + x_4^{\frac{1}{8}} x_1^{\frac{1}{8}} x_2^{\frac{1}{8}} x_3^{\frac{5}{8}}}{4} \; si \; q = \dfrac{1}{8} \\[2mm] (x_1 x_2 x_3 x_4)^{\frac{1}{4}} = E_G \; si \; q = \dfrac{1}{4} \end{cases}$$

Mais les valeurs intermédiaires (pour q entre 0 et $\frac{1}{n}$) n'entrainent pas une cohérence dans cette moyenne. On propose donc la variante suivante :

Moyenne de Heinz généralisée homogène :

$$1 \leq q \leq n \rightarrow H_G(q) = \frac{1}{n} \sum_{j=1}^{n} \prod_{k=1}^{q} x_{j+k-1}^{\frac{1}{q}} \rightarrow \begin{cases} H_G(1) = E_A \\ H_G(n) = E_G \end{cases} \tag{10}$$

Par exemple :

$$n = 2 \rightarrow H_G(\{1; 2\}) = \left\{ \frac{x_1 + x_2}{2} ; \frac{2 x_1^{\frac{1}{2}} x_2^{\frac{1}{2}}}{2} \right\}$$

$$n = 3 \rightarrow H_G(\{1; 2; 3\}) = \left\{ \frac{x_1 + x_2 + x_3}{3} ; \frac{x_1^{\frac{1}{2}} x_2^{\frac{1}{2}} + x_2^{\frac{1}{2}} x_3^{\frac{1}{2}} + x_3^{\frac{1}{2}} x_1^{\frac{1}{2}}}{3} ; \frac{3 x_1^{\frac{1}{3}} x_2^{\frac{1}{3}} x_3^{\frac{1}{3}}}{3} \right\}$$

$$n = 4 \rightarrow H_G(\{1; 2; 3; 4\}) = \left\{ \frac{x_1 + x_2 + x_3 + x_4}{4} ; \frac{x_1^{\frac{1}{2}} x_2^{\frac{1}{2}} + x_2^{\frac{1}{2}} x_3^{\frac{1}{2}} + x_3^{\frac{1}{2}} x_4^{\frac{1}{2}} + x_4^{\frac{1}{2}} x_1^{\frac{1}{2}}}{4} ; \right.$$

$$\left. \frac{x_1^{\frac{1}{3}} x_2^{\frac{1}{3}} x_3^{\frac{1}{3}} + x_2^{\frac{1}{3}} x_3^{\frac{1}{3}} x_4^{\frac{1}{3}} + x_3^{\frac{1}{3}} x_4^{\frac{1}{3}} x_1^{\frac{1}{3}} + x_4^{\frac{1}{3}} x_1^{\frac{1}{3}} x_2^{\frac{1}{3}}}{4} ; \frac{4 x_1^{\frac{1}{4}} x_2^{\frac{1}{4}} x_3^{\frac{1}{4}} x_4^{\frac{1}{4}}}{4} \right\}$$

On a ainsi une moyenne homogène quelle que soit la variable q et passant de la moyenne arithmétique à la géométrique.

La moyenne de Heinz est assez incroyable, puisqu'ainsi définie, elle reste homogène C'est-à-dire que quel que soit q, elle a un sens et se situe toujours bien entre la moyenne arithmétique et géométrique. Cette graduation par une simple variable q permet d'affiner au mieux la moyenne pour l'adapter à sa situation traitée et les statistiques des données fournies.

b.Moyenne de Lehmer

On la définit simplement par :

$$L_q = \frac{\sum_{k=1}^{n} x_k^q}{\sum_{k=1}^{n} x_k^{q-1}} \tag{11}$$

Avec les propriétés suivantes :

$$\begin{cases} L_{q-1} < L_q \\ \lim_{q \to -\infty} L_q = \min(x_k) \\ L_0 = E_H \\ L_{\frac{1}{2}} = E_G \ ssi \ n = 2 \\ L_1 = E_A \\ L_2 = \dfrac{E_Q^2}{E_A} \\ \lim_{q \to +\infty} L_q = \max(x_k) \end{cases} \tag{11bis}$$

Par exemple pour :

$$n = 2 \to L_q = \frac{x_1^q + x_2^q}{x_1^{q-1} + x_2^{q-1}} = x_1 \frac{1 + \left(\frac{x_2}{x_1}\right)^q}{1 + \left(\frac{x_2}{x_1}\right)^{q-1}}$$

A partir de cette idée, on peut combiner les moyennes, par exemple avec celle de Heinz. A deux valeurs, on obtient :

$$n = 2 \to q \in \left[0; \frac{1}{2}\right] \to LH_p(q) = \frac{\left(x_1^q x_2^{1-q}\right)^p + \left(x_1^{1-q} x_2^q\right)^p}{\left(x_1^q x_2^{1-q}\right)^{p-1} + \left(x_1^{1-q} x_2^q\right)^{p-1}} \tag{12}$$

$$= \begin{cases} \dfrac{x_1^p + x_2^p}{x_1^{p-1} + x_2^{p-1}} = L_p \ si \ q = 0 \\[2ex] \dfrac{(x_1 x_2^3)^{\frac{p}{4}} + (x_1^3 x_2)^{\frac{p}{4}}}{(x_1 x_2^3)^{\frac{p-1}{4}} + (x_1^3 x_2)^{\frac{p-1}{4}}} \ si \ q = \frac{1}{4} \\[2ex] \dfrac{(x_1 x_2)^{\frac{p}{2}}}{(x_1 x_2)^{\frac{p-1}{2}}} = \sqrt{x_1 x_2} = E_G \ si \ q = \frac{1}{2} \end{cases}$$

Et pour tout n, on a :

Moyenne de Lehmer-Heinz généralisée :

$$1 \leq q \leq n \rightarrow LH_{Gp}(q) = \frac{\sum_{j=1}^{n} \prod_{k=1}^{q} x_{j+k-1}^{\frac{p}{q}}}{\sum_{j=1}^{n} \prod_{k=1}^{q} x_{j+k-1}^{\frac{p-1}{q}}} \rightarrow \begin{cases} LH_{Gp}(1) = L_p \\ LH_{Gp}(n) = E_G \end{cases} \tag{13}$$

Par exemple :

$$n = 3 \rightarrow \begin{cases} LH_{Gp}(1) = \dfrac{x_1^p + x_2^p + x_3^p}{x_1^{p-1} + x_2^{p-1} + x_3^{p-1}} \\[2em] LH_{Gp}(2) = \dfrac{(x_1 x_2)^{\frac{p}{2}} + (x_2 x_3)^{\frac{p}{2}} + (x_3 x_1)^{\frac{p}{2}}}{(x_1 x_2)^{\frac{p-1}{2}} + (x_2 x_3)^{\frac{p-1}{2}} + (x_3 x_1)^{\frac{p-1}{2}}} \\[2em] LH_{Gp}(3) = (x_1 x_2 x_3)^{\frac{p}{3}} \end{cases}$$

Et :

$$n = 4 \rightarrow \begin{cases} LH_{Gp}(1) = \dfrac{x_1^p + x_2^p + x_3^p + x_4^p}{x_1^{p-1} + x_2^{p-1} + x_3^{p-1} + x_4^{p-1}} \\[2em] LH_{Gp}(2) = \dfrac{(x_1 x_2)^{\frac{p}{2}} + (x_2 x_3)^{\frac{p}{2}} + (x_3 x_4)^{\frac{p}{2}} + (x_4 x_1)^{\frac{p}{2}}}{(x_1 x_2)^{\frac{p-1}{2}} + (x_2 x_3)^{\frac{p-1}{2}} + (x_3 x_4)^{\frac{p-1}{2}} + (x_4 x_1)^{\frac{p-1}{2}}} \\[2em] LH_{Gp}(3) = \dfrac{(x_1 x_2 x_3)^{\frac{p}{3}} + (x_2 x_3 x_4)^{\frac{p}{3}} + (x_3 x_4 x_1)^{\frac{p}{3}} + (x_4 x_1 x_2)^{\frac{p}{3}}}{(x_1 x_2 x_3)^{\frac{p-1}{3}} + (x_2 x_3 x_4)^{\frac{p-1}{3}} + (x_3 x_4 x_1)^{\frac{p-1}{3}} + (x_4 x_1 x_2)^{\frac{p-1}{3}}} \\[2em] LH_{Gp}(4) = (x_1 x_2 x_3 x_4)^{\frac{p}{4}} \end{cases}$$

Incroyable, on a créé une moyenne à la fois homogène et combinée. Cela ouvre la grande porte des nombreuses moyennes de moyennes développées dans le prochain chapitre.

6. Moyennes de moyennes

Enfin, on peut combiner ces moyennes en calculant des moyennes de moyennes. Par exemple :

Arithmétique de 4 moyennes : point milieu des 4 moyennes les plus usuelles :

$$E_{A4} = \frac{E_A + E_G + E_Q + E_H}{4} \tag{14}$$

Géométrique de 4 moyennes : point milieu des 4 moyennes les plus usuelles :

$$E_{G4} = \left(E_A E_G E_Q E_H\right)^{\frac{1}{4}} \tag{15}$$

Quadratique de 4 moyennes : point milieu des 4 moyennes les plus usuelles :

$$E_{Q4} = \frac{1}{2}\sqrt{E_A^2 + E_G^2 + E_Q^2 + E_H^2} \tag{16}$$

Harmonique de 4 moyennes : point milieu des 4 moyennes les plus usuelles :

$$E_{H4} = \frac{4}{\dfrac{1}{E_A} + \dfrac{1}{E_G} + \dfrac{1}{E_Q} + \dfrac{1}{E_H}} \tag{17}$$

Etc.

Et de nouveau, de manière généralisée, on obtient :

Moyenne généralisée additive et multiplicative de m moyennes :

$$\begin{cases} E_{GeA}(m) = \dfrac{1}{m}\sum_{q=1}^{m}\left(\dfrac{1}{n}\sum_{k=1}^{n} x_k^q\right)^{\frac{1}{q}} & (18a) \\[2em] E_{GeM}(m) = \left(\displaystyle\prod_{q=1}^{m}\left(\dfrac{1}{n}\sum_{k=1}^{n} x_k^q\right)^{\frac{1}{q}}\right)^{\frac{1}{m}} = \displaystyle\prod_{q=1}^{m}\left(\dfrac{1}{n}\sum_{k=1}^{n} x_k^q\right)^{\frac{1}{qm}} & (18b) \end{cases}$$

Or, on a déjà vue que q peut aussi être négatif. Ainsi, pour équilibrer ces moyennes généralisées, on pose plutôt :

Généralisée équilibrée additive et multiplicative de m moyennes :

$$
\begin{cases}
E_{GeeA}(m) = \dfrac{1}{2m+1}\left(\displaystyle\sum_{q=0}^{2m+1} \left(\frac{1}{n}\sum_{k=1}^{n} x_k^{q-m}\right)^{\frac{1}{q-m}} - 1 \right) \to E_{GeeA}(0) = E_A & (19a) \\[4ex]
E_{GeeM}(m) = \displaystyle\prod_{q=0}^{2m+1} \left(\frac{1}{n}\sum_{k=1}^{n} x_k^{q-m}\right)^{\frac{1}{(q-m)(2m+1)}} = \begin{cases} E_{GeeM}(0) = E_A \\[2ex] \left(\displaystyle\prod_{k=1}^{n} x_k^m \left(\frac{1}{n}\sum_{k=1}^{n} x_k^{m+1}\right)^{\frac{1}{m+1}}\right)^{\frac{1}{2m+1}} \quad si\ m>0 \end{cases} & (19b)
\end{cases}
$$

La valeur (-1) est une correction pour enlever le cas ou $q = m$ $(car\ q - m = 0)$. On a centré la moyenne sur le cas ou $q - m = 1$ soit la moyenne arithmétique qui calcul le point linéairement au milieu. De plus, on a, en particulier :

$$
\lim_{m \to +\infty} E_{GeeM}(m) = \lim_{m \to +\infty} \left(\prod_{k=1}^{n} x_k^m \left(\frac{1}{n}\sum_{k=1}^{n} x_k^{m+1}\right)^{\frac{1}{m+1}}\right)^{\frac{1}{2m+1}}
$$

$$
= \lim_{m \to +\infty} \left(\prod_{k=1}^{n} x_k\right)^{\frac{m}{2m+1}} \left(\frac{1}{n}\sum_{k=1}^{n} x_k^{m+1}\right)^{\frac{1}{(m+1)(2m+1)}} = \sqrt{\prod_{k=1}^{n} x_k} = \sqrt{E_G^n}
$$

Toutes ces moyennes sont donc bien liées plus ou moins simplement. Elles sont fondées à partir de fonctions et celles-ci forment autant de passerelles d'une moyenne à une autre. Pour récapituler toutes ces moyennes, prenons un exemple à seulement deux valeurs. On obtient le tableau suivant :

Moyenne	$a = 10$ $b = 20$	$a = 10$ $b = 100$	$a = 10$ $b = 10^6$	Obs.
$min(a; b)$	10	10	10	Min
$max(a; b)$	20	100	1 000 000	Max
$E_A = \dfrac{a+b}{2}$	15	55	500 005	Milieu
$E_G = \sqrt{ab}$	14,14	31,62	3 162,28	Bas
$E_Q = \sqrt{\dfrac{a^2+b^2}{2}}$	15,81	71,06	707 107	Haut
$E_H = \dfrac{2}{\frac{1}{a}+\frac{1}{b}} = \dfrac{2ab}{a+b}$	13,33	18,18	19,99	Bas

Moyenne	$a = 10$ $b = 20$	$a = 10$ $b = 100$	$a = 10$ $b = 10^6$	Obs.
$E_{He}(q) = \left(\dfrac{2}{\frac{1}{a^q} + \frac{1}{b^q}}\right)^{\frac{1}{q}} = ab\left(\dfrac{2}{a^q + b^q}\right)^{\frac{1}{q}}$ $\rightarrow E_{He}(2) = ab\sqrt{\dfrac{2}{a^2 + b^2}}$	12,65	14,07	14,14	Bas
$E_{Ge}(q) = \left(\dfrac{a^q + b^q}{2}\right)^{\frac{1}{q}}$ $\rightarrow E_{Ge}(4) = \left(\dfrac{a^4 + b^4}{2}\right)^{\frac{1}{4}}$	17,07	84,09	840 896	Haut
$\rightarrow E_{Ge}(-4) = ab\left(\dfrac{2}{a^4 + b^4}\right)^{\frac{1}{4}}$	11,71	11,89	11,89	Bas
$E_{A4} = \dfrac{E_A + E_G + E_Q + E_H}{4}$ $= \dfrac{1}{4}\left(\dfrac{a + b}{2} + \sqrt{ab} + \sqrt{\dfrac{a^2 + b^2}{2}} + \dfrac{2ab}{a + b}\right)$	14,57	43,97	302 574	Milieu bas
$E_{G4} = \left(E_A E_G E_Q E_H\right)^{\frac{1}{4}} = \left(a^3 b^3 \dfrac{a^2 + b^2}{2}\right)^{\frac{1}{8}}$	14,54	38,72	12 228,4	Bas
$E_{Q4} = \dfrac{1}{2}\sqrt{E_A^2 + E_G^2 + E_Q^2 + E_H^2}$ $= \dfrac{\sqrt{3(a + b)^4 + (4ab)^2}}{2(a + b)}$	96,98	29,20	866 034	Haut
$E_{H4} = \dfrac{4}{\frac{1}{E_A} + \frac{1}{E_G} + \frac{1}{E_Q} + \frac{1}{E_H}}$ $= \dfrac{4}{\frac{2}{a + b} + \frac{1}{\sqrt{ab}} + \sqrt{\frac{2}{a^2 + b^2}} + \frac{a + b}{2ab}}$	14,51	33,65	79,491	Bas
$E_{GeA}(m) = \dfrac{1}{m}\sum_{q=1}^{m}\left(\dfrac{a^q + b^q}{2}\right)^{\frac{1}{q}}$ $\rightarrow E_{GeA}(2) = \dfrac{1}{2}\left(\dfrac{a + b}{2} + \sqrt{\dfrac{a^2 + b^2}{2}}\right)$	15,40	63,03	603 556	Milieu haut

Moyenne	$a=10$ $b=20$	$a=10$ $b=100$	$a=10$ $b=10^6$	Obs.
$$E_{GeM}(m) = \prod_{q=1}^{m}\left(\frac{a^q+b^q}{2}\right)^{\frac{1}{qm}}$$ $$\rightarrow E_{GeM}(2) = \sqrt{\frac{a+b}{2}\sqrt{\frac{a^2+b^2}{2}}}$$	15,40	62,51	594 607	Milieu haut
$$E_{GeeA}(m) = \frac{1}{2m+1}\left(\sum_{q=0}^{2m+1}\left(\frac{a^{q-m}+b^{q-m}}{2}\right)^{\frac{1}{q-m}} - 1\right)$$ $$\rightarrow E_{GeeA}(1) = \frac{1}{3}\left(\frac{2ab}{a+b}+\frac{a+b}{2}+\sqrt{\frac{a^2+b^2}{2}}\right)$$	14,71	48,08	402 377	
$$\rightarrow E_{GeeA}(2) = \frac{1}{5}\left(ab\sqrt{\frac{2}{a^2+b^2}}+\frac{2ab}{a+b}+\frac{a+b}{2}+\sqrt{\frac{a^2+b^2}{2}}+\left(\frac{a^3+b^3}{2}\right)^{\frac{1}{3}}\right)$$	14,66	47,54	400 169	Milieu bas
$$E_{GeeM}(m) = \prod_{q=0}^{2m+1}\left(\frac{a^{q-m}+b^{q-m}}{2}\right)^{\frac{1}{(q-m)(2m+1)}}$$ $$\rightarrow E_{GeeM}(1) = \left(ab\sqrt{\frac{a^2+b^2}{2}}\right)^{\frac{1}{3}}$$	14,68	41,42	19 193,8	
$$\rightarrow E_{GeeM}(2) = \left(a^2b^2\left(\frac{a^3+b^3}{2}\right)^{\frac{1}{3}}\right)^{\frac{1}{5}}$$	14,59	38,01	9 548,42	Bas

Mais on peut également créer des moyennes logarithmique et exponentielle et les combiner en moyennes de moyennes additives ou multiplicatives. On obtient :

Moyenne logarithmique :

$$E_l = \ln\left(\frac{1}{n}\sum_{k=1}^{n} e^{x_k}\right) \tag{20}$$

Moyenne exponentielle :

$$E_e = e^{\frac{1}{n}\sum_{k=1}^{n}\ln(x_k)} = \left(\prod_{k=1}^{n} x_k\right)^{\frac{1}{n}} = E_G \tag{21}$$

Moyenne fonctionnelle et moyennes de moyenne fonctionnelle additive et multiplicative :

$$E_{fa} = f^{-1}\left(\frac{1}{n}\sum_{k=1}^{n} f(x_k)\right) \tag{22}$$

$$\rightarrow \begin{cases} E_{afa} = \dfrac{f^{-1}\left(\frac{1}{n}\sum_{k=1}^{n} f(x_k)\right) + f\left(\frac{1}{n}\sum_{k=1}^{n} f^{-1}(x_k)\right)}{2} & (23a) \\[4mm] E_{mfa} = \sqrt{f^{-1}\left(\frac{1}{n}\sum_{k=1}^{n} f(x_k)\right) f\left(\frac{1}{n}\sum_{k=1}^{n} f^{-1}(x_k)\right)} & (23b) \end{cases}$$

Moyenne fonctionnelle réciproque et moyenne de moyennes fonctionnelle réciproque additive et multiplicative :

$$E_{fm} = f^{-1}\left(\left(\prod_{k=1}^{n} f(x_k)\right)^{\frac{1}{n}}\right) \tag{24}$$

$$\rightarrow \begin{cases} E_{afm} = \dfrac{f^{-1}\left(\left(\prod_{k=1}^{n} f(x_k)\right)^{\frac{1}{n}}\right) + f\left(\left(\prod_{k=1}^{n} f(x_k)\right)^{\frac{1}{n}}\right)}{2} & (25a) \\[4mm] E_{mfm} = \sqrt{f^{-1}\left(\left(\prod_{k=1}^{n} f(x_k)\right)^{\frac{1}{n}}\right) f\left(\left(\prod_{k=1}^{n} f(x_k)\right)^{\frac{1}{n}}\right)} & (25b) \end{cases}$$

Par exemple :

$$n = 2 \rightarrow E_{fa} = f^{-1}\left(\frac{a+b}{2}\right) \rightarrow \begin{cases} E_{afa} = \dfrac{f^{-1}\left(\frac{a+b}{2}\right) + f\left(\frac{a+b}{2}\right)}{2} \\[4mm] E_{mfa} = \sqrt{f^{-1}\left(\frac{a+b}{2}\right) f\left(\frac{a+b}{2}\right)} \end{cases} \tag{23c}$$

$$n = 2 \to E_{fm} = f^{-1}\left(\sqrt{ab}\right) \to \begin{cases} E_{afm} = \dfrac{f^{-1}\left(\sqrt{ab}\right) + f\left(\sqrt{ab}\right)}{2} \\[2ex] E_{mfm} = \sqrt{f^{-1}\left(\sqrt{ab}\right)f\left(\sqrt{ab}\right)} \end{cases} \qquad (25c)$$

On a atteint ici un nouveau niveau d'abstraction avec les fonctions f et leurs réciproque f^{-1} mais aussi en combinant moyenne additionnelle (ou arithmétique) et moyenne multiplicative (ou géométrique). On décèle qu'une multitude de moyennes est réalisable en fonction de f. Les moyennes logarithmique et exponentielle en sont un exemple criant de simplicité et d'efficacité. On le reverra un peu plus loin.

7. Sommes et moyennes

Regardons maintenant comment calcule-t-on une somme de 1 à n avec la moyenne arithmétique. On sait grâce à Gauss que :

$$S_n = 1 + 2 + 3 + \cdots + (n-2) + (n-1) + n$$

$$S_n = n + (n-1) + (n-2) + \cdots + 3 + 2 + 1$$

$$2S_n = (n+1) + (n+1) + (n+1) + \cdots + (n+1) + (n+1) + (n+1) = n(n+1)$$

$$\rightarrow S_n = \frac{n(n+1)}{2} \tag{26}$$

Cette somme représente n fois la moyenne, sa valeur milieu. Ainsi, en se focalisant sur le point milieu de cette somme, on obtient :

$$\text{Arithmétique}: S_n = n\frac{n+1}{2} = \begin{cases} n\left(\dfrac{\frac{n}{2} + \left(\frac{n}{2}+1\right)}{2}\right) & si\ n\ pair \\[2em] n\left(\dfrac{\frac{n+1}{2} + \frac{n+1}{2}}{2}\right) & si\ n\ impair \end{cases} \tag{27}$$

Mais pourquoi se limiter à la moyenne arithmétique. Varions cela avec les autres moyennes les plus usuelles déjà vues précédemment :

$$\text{Géométrique}: S_n = \begin{cases} n\sqrt{\dfrac{n}{2}\left(\dfrac{n}{2}+1\right)} = n\dfrac{\sqrt{n(n+2)}}{2} & si\ n\ pair \\[2em] n\sqrt{\left(\dfrac{n+1}{2}\right)\left(\dfrac{n+1}{2}\right)} = n\dfrac{n+1}{2} & si\ n\ impair \end{cases} \tag{28}$$

$$\text{Quadratique}: S_n = \begin{cases} n\sqrt{\dfrac{\left(\frac{n}{2}\right)^2 + \left(\frac{n}{2}+1\right)^2}{2}} = n\dfrac{\sqrt{(2n+1)n+4}}{2} & si\ n\ pair \\[2em] n\sqrt{\dfrac{\left(\frac{n+1}{2}\right)^2 + \left(\frac{n+1}{2}\right)^2}{2}} = n\dfrac{n+1}{2} & si\ n\ impair \end{cases} \tag{29}$$

$$Harmonique : S_n = \begin{cases} n\left(\dfrac{2}{\dfrac{1}{\frac{n}{2}} + \dfrac{1}{\frac{n}{2}+1}}\right) = n\dfrac{n(n+2)}{2(n+1)} \; si \; n \; pair \\[3em] n\left(\dfrac{2}{\dfrac{1}{\frac{n+1}{2}} + \dfrac{1}{\frac{n+1}{2}}}\right) = n\dfrac{n+1}{2} \; si \; n \; impair \end{cases} \qquad (30)$$

On remarque que pour n impair, ces 4 moyennes sont identiques. On donne une explication simple plus loin. Mais revenons à nos moyennes. La moyenne géométrique est liée à l'arithmétique par :

$$E_G = \left(\prod_{k=1}^{n} x_k\right)^{\frac{1}{n}} \rightarrow \ln(E_G) = \frac{1}{n}\sum_{k=1}^{n}\ln(x_k) \qquad (31)$$

Nous retrouvons notre somme, cette fois-ci logarithmique. Essayons de la résoudre à la manière de Gauss :

$$Si \; x_1 \leq x_2 \leq \cdots \leq x_n \rightarrow$$

$$\sum_{k=1}^{n}\ln(x_k) = \ln(x_1) + \ln(x_2) + \cdots + \ln(x_{n-1}) + \ln(x_n)$$

$$\sum_{k=1}^{n}\ln(x_k) = \ln(x_n) + \ln(x_{n-1}) + \cdots + \ln(x_2) + \ln(x_1)$$

$$2\sum_{k=1}^{n}\ln(x_k) = \ln(x_1 x_n) + \ln(x_2 x_{n-1}) + \cdots + \ln(x_{n-1}x_2) + \ln(x_n x_1) \qquad (32)$$

Reprenons le point milieu pour obtenir les moyennes suivantes :

Arithmético-Géométrique :

$$E_G \approx E_{AG} = \begin{cases} e^{\frac{1}{2}\ln\left(x_{\frac{n}{2}}x_{\frac{n}{2}+1}\right)} = \sqrt{x_{\frac{n}{2}}x_{\frac{n}{2}+1}} \; si \; n \; pair \\[2em] e^{\frac{1}{2}\ln\left(x_{\frac{n+1}{2}}x_{\frac{n+1}{2}}\right)} = x_{\frac{n+1}{2}} \; si \; n \; impair \end{cases} \qquad (33)$$

Géométrico-Géométrique :

$$E_G \approx E_{GG} = \begin{cases} e^{\sqrt{\ln\left(x_{\frac{n}{2}}\right)\ln\left(x_{\frac{n}{2}+1}\right)}} & si\ n\ pair \\[2em] e^{\sqrt{\ln\left(x_{\frac{n+1}{2}}\right)\ln\left(x_{\frac{n+1}{2}}\right)}} = x_{\frac{n+1}{2}} & si\ n\ impair \end{cases} \qquad (34)$$

Quadratico-Géométrique :

$$E_G \approx E_{QG} = \begin{cases} e^{\sqrt{\frac{\ln^2\left(x_{\frac{n}{2}}\right)+\ln^2\left(x_{\frac{n}{2}+1}\right)}{2}}} & si\ n\ pair \\[2em] e^{\sqrt{\frac{\ln^2\left(x_{\frac{n+1}{2}}\right)+\ln^2\left(x_{\frac{n+1}{2}}\right)}{2}}} = x_{\frac{n+1}{2}} & si\ n\ impair \end{cases} \qquad (35)$$

Harmonico-Géométrique :

$$E_G \approx E_{HG} = \begin{cases} e^{\frac{2}{\frac{1}{\ln\left(x_{\frac{n}{2}}\right)}+\frac{1}{\ln\left(x_{\frac{n}{2}+1}\right)}}} = e^{2\frac{\ln\left(x_{\frac{n}{2}}\right)\ln\left(x_{\frac{n}{2}+1}\right)}{\ln\left(x_{\frac{n}{2}}x_{\frac{n}{2}+1}\right)}} & si\ n\ pair \\[2em] e^{\frac{2}{\frac{1}{\ln\left(x_{\frac{n+1}{2}}\right)}+\frac{1}{\ln\left(x_{\frac{n+1}{2}}\right)}}} = x_{\frac{n+1}{2}} & si\ n\ impair \end{cases} \qquad (36)$$

Là aussi, toutes ces moyennes sont identiques pour n impair. On est ici tenté d'ajouter les deux nouvelles moyennes de la formes suivantes :

Exponentico-Géométrique :

$$E_G \approx E_{EG} = E_A = \begin{cases} e^{\ln\left(\frac{e^{\ln\left(x_{\frac{n}{2}}\right)}+e^{\ln\left(x_{\frac{n}{2}+1}\right)}}{2}\right)} = \frac{x_{\frac{n}{2}}+x_{\frac{n}{2}+1}}{2} & si\ n\ pair \\[3em] e^{\ln\left(\frac{e^{\ln\left(x_{\frac{n+1}{2}}\right)}+e^{\ln\left(x_{\frac{n+1}{2}}\right)}}{2}\right)} = x_{\frac{n+1}{2}} & si\ n\ impair \end{cases} \qquad (37)$$

Logarithmico-Géométrique :

$$E_G \approx E_{LG} = E_{GG} = \begin{cases} e^{e^{\frac{\ln\left(\ln\left(x_{\frac{n}{2}}\right)\right)+\ln\left(\ln\left(x_{\frac{n}{2}+1}\right)\right)}{2}}} = e^{\sqrt{\ln\left(x_{\frac{n}{2}}\right)\ln\left(x_{\frac{n}{2}+1}\right)}} & si\ n\ pair \\ e^{e^{\frac{\ln\left(\ln\left(x_{\frac{n+1}{2}}\right)\right)+\ln\left(\ln\left(x_{\frac{n+1}{2}}\right)\right)}{2}}} = x_{\frac{n+1}{2}} & si\ n\ impair \end{cases} \quad (38$$

Et comme, on l'a déjà vu, une moyenne se définit par une fonction, on a :

Moyenne fonctionnelle :

$$E_f = \begin{cases} nf^{-1}\left(\dfrac{f\left(x_{\frac{n}{2}}\right)+f\left(x_{\frac{n}{2}+1}\right)}{2}\right) & si\ n\ pair \\ nf^{-1}\left(\dfrac{f\left(x_{\frac{n+1}{2}}\right)+f\left(x_{\frac{n+1}{2}}\right)}{2}\right) = nf^{-1}\left(f\left(x_{\frac{n+1}{2}}\right)\right) = nx_{\frac{n+1}{2}} & si\ n\ impair \end{cases} \quad (39$$

On comprend maintenant mieux pourquoi ces moyennes sont identiques lorsque n est impair. Et voici les différentes fonctions utilisées par les moyennes usuelles :

$$\begin{cases} Arithmétique : f(x) = f^{-1}(x) = x \\ Géométrique\ (ou\ logarithmique) : f(x) = \ln(x)\ et\ f^{-1}(x) = e^x \\ Quadratique : f(x) = x^2\ et\ f^{-1}(x) = \sqrt{x} \\ Harmonique : f(x) = f^{-1}(x) = \dfrac{1}{x} \\ Exponentielle\ (ou\ réciproque\ logarithmique) : f(x) = e^x\ et\ f^{-1}(x) = \ln(x) \end{cases} \quad (40$$

On est ici tenté d'introduire la nouvelle moyenne suivante :

$$Réciproque\ quadratique : f(x) = \sqrt{x}\ et\ f^{-1}(x) = x^2 \quad (40bis$$

Par exemple, on obtient dans notre cas précédent :

Réciproque Quadratico-Géométrique :

$$E_G \approx E_{RQG} = e^{\frac{E_A+E_G}{2n}} = \begin{cases} e^{\left(\frac{\sqrt{\ln\left(x_{\frac{n}{2}}\right)}+\sqrt{\ln\left(x_{\frac{n}{2}+1}\right)}}{2}\right)^2} & si\ n\ pair \\[2em] e^{\left(\frac{\sqrt{\ln\left(x_{\frac{n+1}{2}}\right)}+\sqrt{\ln\left(x_{\frac{n+1}{2}}\right)}}{2}\right)^2} = x_{\frac{n+1}{2}}\ si\ n\ impair \end{cases} \tag{41}$$

La moyenne réciproque quadratique est la moyenne arithmétique de cette dernière et de la géométrique. On voit que l'on peut inventer une infinité de moyenne en fonction de la fonction f choisie du moment qu'une fonction réciproque existe dans $\mathbb{N}$. Il doit donc en exister une, telle que l'égalité suivante soit vérifiée :

$$\frac{1}{n}\sum_{k=1}^{n}\ln(x_k) = E_f \tag{42}$$

Tout d'abord, si n est impair on aura toujours et quel que soit f :

$$E_f \approx x_{\frac{n+1}{2}} \tag{43}$$

Et en particulier si :

$$x_1 = 1\ et\ x_k = x_{k-1} + 1 \rightarrow E_f = \frac{1}{n}\sum_{k=1}^{n}\ln(x_k) = \frac{1}{n}\sum_{k=1}^{n}\ln(k)$$

$$\rightarrow e^{\sum_{k=1}^{n}\ln(k)} = n! = e^{nE_f} = e^{\frac{nx_{n+1}}{2}}$$

$$\rightarrow x_{\frac{n+1}{2}} = \frac{n+1}{2} = \frac{\ln(n!)}{n} \rightarrow S_n = \frac{n(n+1)}{2} = \ln(n!)$$

Malheureusement il n'y a pas de solutions tout n positif, puisque la somme de 1 à n, a une croissance beaucoup plus lente que la factorielle $n!$, si bien que leurs courbes ne se croisent jamais. Intéressons-nous plutôt aux cas ou n est pair :

$$E_f = \frac{1}{n}\sum_{k=1}^{n}\ln(k) = \frac{\ln(n!)}{n} \approx \frac{1}{n}\int_{1}^{n}\ln(x)\,dx = \ln(n) - 1 + \frac{1}{n} \tag{44}$$

Plus précisément, on a :

$$E_f = \frac{1}{n} \sum_{k=1}^{n} \ln(k) = \frac{\ln(n!)}{n} \approx \frac{1}{n} \int_{1-\frac{1}{2}}^{n+\frac{1}{2}} \ln(x)\, dx = \left(1 + \frac{1}{2n}\right) \ln\left(n + \frac{1}{2}\right) - 1 + \frac{\ln(2)}{2n} \quad (45)$$

$$\rightarrow n! \approx \left(n + \frac{1}{2}\right)^{n+\frac{1}{2}} e^{-n}\sqrt{2} = \sqrt{2n+1}\left(\frac{2n+1}{2e}\right)^{n} > \frac{n^{n+\frac{1}{2}}\sqrt{2}}{e^{n}} = \sqrt{2n}\left(\frac{n}{e}\right)^{n} \quad (46)$$

On retrouve à un paramètre près la formule de Stirling :

$$n! = \sqrt{2\pi n}\left(\frac{n}{e}\right)^{n} \quad (47)$$

De plus :

$$E_f = \begin{cases} f^{-1}\left(\dfrac{f\left(\frac{n}{2}\right) + f\left(\frac{n}{2}+1\right)}{2}\right) \\[2em] f^{-1}\left(\sqrt{f\left(\frac{n}{2}\right) f\left(\frac{n}{2}+1\right)}\right) \\[2em] f^{-1}\left(\dfrac{2}{\dfrac{1}{f\left(\frac{n}{2}\right)} + \dfrac{1}{f\left(\frac{n}{2}+1\right)}}\right) \\[2em] f^{-1}\left(\dfrac{f^{2}\left(\frac{n}{2}\right) + f^{2}\left(\frac{n}{2}+1\right)}{2}\right) \end{cases} \quad (48)$$

Il n'existe donc pas de fonction f simple, solution de notre équation logarithmique.

8. Autres moyennes

On énonce ici d'autres moyennes encore plus étonnantes.

A partir de l'équation d'un cercle, on a :

Moyennes cerclique : inspirée de l'équation d'un cercle
$$f(x) = \sqrt{r^2 - x^2} = f^{-1}(x) \tag{49}$$
Soit :

$$n = 2 \to E_c = \sqrt{r^2 - \left(\frac{\sqrt{r^2 - a^2} + \sqrt{r^2 - b^2}}{2}\right)^2}$$

$$= \begin{cases} \dfrac{1}{2}\sqrt{3(a+b)^2 - 2\left(ab + \sqrt{ab(2(a+b)^2 + ab)}\right)} \ avec\ r = a+b = 2E_A \\[2ex] \dfrac{1}{2}\sqrt{a^2 + b^2 + 2ab\left(ab - \sqrt{(b^2-1)(a^2-1)}\right)} \ avec\ r = ab = E_G^2 \\[2ex] \dfrac{\sqrt{(8ab)^2 - \left(a\sqrt{(3b-a)(5b+a)} + b\sqrt{(3a-b)(5a+b)}\right)^2}}{2(a+b)} \ avec\ r = \dfrac{4}{\dfrac{1}{a}+\dfrac{1}{b}} = 2E_H \\[2ex] \dfrac{1}{2}\sqrt{\dfrac{a^2+b^2}{2}\left(2 + a^2 + b^2 - \sqrt{1 - \dfrac{4}{a^2+b^2} + \left(\dfrac{4ab}{(a^2+b^2)^2}\right)^2}\right)} \ avec\ r = \dfrac{a^2+b^2}{2} = E_Q^2 \end{cases} \tag{50}$$

Moyenne linéique : équivalente à la moyenne arithmétique
$$f(x) = ux + v \to f^{-1}(x) = \frac{y-v}{u} \ et \ f(x) = f^{-1}(x) \to u = -1$$
Soit :
$$f(x) = f^{-1}(x) = v - x \tag{51}$$

$$\to E_l = v - \frac{v - a + v - b}{2} = \frac{a+b}{2} = E_A \tag{52}$$

Moyenne fractionnique : cousine de l'harmonique
$$Fractionique : f(x) = \frac{ux + v}{wx + z} \to f^{-1}(x) = \frac{v - zy}{yw - u}$$

$$f(x) = f^{-1}(x) \to w(u+z)x^2 + (z^2 - u^2)x - v(u+z) = 0 \to u = -z$$

$$\rightarrow f(x) = f^{-1}(x) = \frac{ux + v}{wx - u} \tag{53}$$

$$\rightarrow E_f = \frac{u\frac{1}{2}\left(\frac{ua + v}{wa - u} + \frac{ub + v}{wb - u}\right) + v}{w\frac{1}{2}\left(\frac{ua + v}{wa - u} + \frac{ub + v}{wb - u}\right) - u} = \frac{2wab - (a + b)u}{(a + b)w - 2u} \rightarrow Harmonique\ si\ u = 0 \tag{54}$$

Par exemple :

$$f(x) = f^{-1}(x) = \frac{x + 1}{x - 1}$$

$$\rightarrow E_f = \frac{2ab - a - b}{a + b - 2} = 2\frac{ab - 1}{a + b - 2} - 1 \rightarrow Quasi - Harmonique$$

Moyennes logarithmique généralisée additive et multiplicative :

$$\begin{cases} E_{la}(n) = \ln\left(\left(\frac{(e^a)^n + (e^b)^n}{2}\right)^{\frac{1}{n}}\right) = \frac{1}{n}\ln\left(\frac{e^{an} + e^{bn}}{2}\right) = a + \frac{1}{n}\left(\ln\left(1 + e^{(b-a)n}\right) - \ln(2)\right) & (55) \\[2em] E_{lm}(n) = \ln^{\frac{1}{n}}\left(\frac{(e^a)^n + (e^b)^n}{2}\right) = \ln^{\frac{1}{n}}\left(\frac{e^{an} + e^{bn}}{2}\right) = \left(an - \ln(2) + \ln\left(1 + e^{(b-a)n}\right)\right)^{\frac{1}{n}} & (56) \end{cases}$$

Moyennes exponentielle généralisée additive et multiplicative :

$$\begin{cases} E_{ea}(n) = e^{\left(\frac{\ln(a^n) + \ln(b^n)}{2}\right)^{\frac{1}{n}}} = e^{\left(\frac{n}{2}\ln(ab)\right)^{\frac{1}{n}}} & (57) \\[2em] E_{em}(n) = \left(e^{\frac{\ln(a^n) + \ln(b^n)}{2}}\right)^{\frac{1}{n}} = \sqrt{ab} = E_G & (58) \end{cases}$$

On voit encore ici qu'on peut décliner de multiples manières une moyenne pour en créer d'autres. Elles sont toutes uniques mais cousines ou voisines. A vous de bien choisir laquelle ou lesquelles répondent le mieux à votre besoin.

9. Conclusion

Il existe une multitude de moyennes. Or ce terme est précis. Il représente un point milieu d'un ensemble de données numériques. Ce point milieu étant interprétable de différentes manière, on a mis au point un grand nombre de moyennes toutes cohérentes dans ayant un sens dans leur contexte. La vraie question n'est pas « que vaut la moyenne ? » mais « quelle est la meilleure moyenne à employer ici pour révéler mes données ? ». A cette dernière question, la réponse est beaucoup plus ardue au vue du nombre immense de choix de moyenne. Laquelle sera la plus parlante ? Calculer une moyenne est relativement simple. En extraire une information utile et parlante est une toute autre affaire. Les statisticiens connaissent bien ce biais. Se tromper de moyenne peut amener à de faux raisonnement et à des décisions parfois contraire à ce que recèle l'analyse des données. Soyez prudent et vigilant, la moyenne est multiple et se calcule avec beaucoup de précaution préalable.

De plus, nous avons ici éludé volontairement d'autres moyennes. Pour n'en citer que quelques-unes : la moyenne glissante, la moyenne pondérée, la moyenne continue (par intégrale), la moyenne de Héron, etc. Vous voyez, il en existe davantage dont certaines ne sont pas encore trouvées mais existent certainement. Et vous, en avez-vous de nouvelles ?

10. Références

Voici quelques liens vers des définitions de moyennes utiles :

- fr.wikipedia.org/wiki/Moyenne_arithm%C3%A9tique
- fr.wikipedia.org/wiki/Moyenne_g%C3%A9om%C3%A9trique
- fr.wikipedia.org/wiki/Moyenne_harmonique
- fr.wikipedia.org/wiki/Moyenne_quadratique
- fr.wikipedia.org/wiki/Moyenne
- fr.wikipedia.org/wiki/Moyenne_g%C3%A9n%C3%A9ralis%C3%A9e
- fr.wikipedia.org/wiki/Moyenne_quasi-arithm%C3%A9tique
- en.wikipedia.org/wiki/Heinz_mean
- en.wikipedia.org/wiki/Lehmer_mean

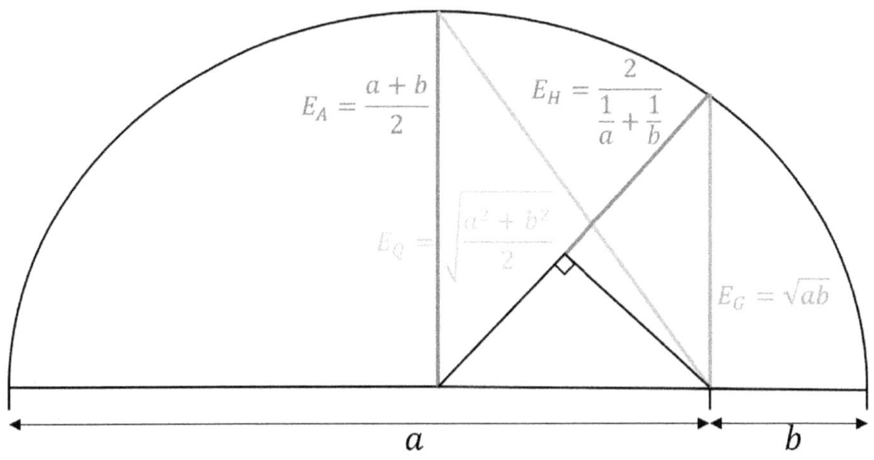

$E_A = \dfrac{a+b}{2}$
$E_H = \dfrac{2}{\dfrac{1}{a}+\dfrac{1}{b}}$
$E_Q = \sqrt{\dfrac{a^2+b^2}{2}}$
$E_G = \sqrt{ab}$
a
b